AF250672

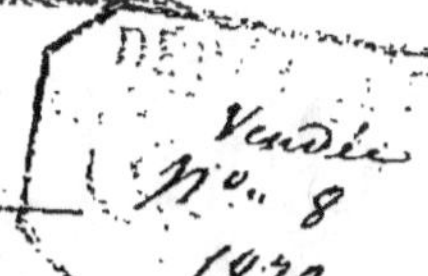

CONFÉRENCE

SUR

L'ESPÈCE CHEVALINE

PAR

M. ALASONIÈRE

Médecin-Vétérinaire du Dépôt d'Étalons de la Roche-sur-Yon

LA ROCHE-SUR-YON

IMPRIMERIE DU COMMERCE, EUGÈNE IVONNET

15, rue Lafayette, 15.

—

1873

CONFÉRENCE

SUR

L'ESPÈCE CHEVALINE

PAR

M. ALASONIÈRE

Médecin-Vétérinaire du Dépôt d'Etalons de la Roche-sur-Yon.

MESSIEURS,

Tout d'abord, je vous l'avouerai, j'ai décliné l'honneur de faire, en si brillante compagnie, une conférence sur l'Espèce chevaline ; mais de pressantes sollicitations sont venues m'imposer un devoir que je m'efforcerai de remplir avec la meilleure volonté possible, sachant déjà que j'aurai pour appui votre bienveillante indulgence.

La question chevaline est à l'ordre du jour, elle préoccupe toute l'Europe ; mais nulle part plus qu'en France elle ne saurait attirer l'attention des esprits sérieux et jaloux de voir bientôt notre patrie réparer les pertes qu'elle a éprouvées pendant la dernière guerre. Or, une triste expérience nous a permis de constater que nos chevaux de cavalerie, et surtout ceux de l'artillerie, n'ont pas l'énergie et la vitesse suffisantes pour être mis en parallèle avec ceux de nos voisins.

C'est dans le but de pouvoir nous amener à entrer en concurrence avec eux, que je m'attacherai dans cette séance à décrire les caractères qui donnent à nos chevaux de l'énergie, de la vitesse et du fond.

Bien qu'aujourd'hui on ait eu l'heureuse idée

d'annexer au concours régional agricole un concours hippique, je m'abstiendrai d'en parler ; car sur la proposition de M. de La Tour du Pin, la commission tout entière a prié M. de Sourdeval, l'éminent écrivain, de faire un rapport spécial sur ce sujet.

Je me bornerai donc ici à vous donner la description des caractères généraux qui distinguent le bon cheval de service et le bon reproducteur.

Le cheval n'est pas comme les autres espèces d'animaux domestiques, il n'a pas besoin d'être amélioré, soit pour la graisse, soit pour la viande ; il est cependant très-nécessaire, en vue des services qu'il peut rendre, de s'en occuper d'une manière spéciale pour qu'on obtienne de lui une bonne locomotion, sans laquelle cet animal deviendrait presque inutile.

Pour bien apprécier la locomotion d'un cheval, il faut l'assimiler à une machine qui renferme deux parties à étudier : la première est le mécanisme lui-même, et la seconde, la force motrice destinée à l'alimenter.

Le mécanisme, dans le cheval, est sa charpente qui se compose de ses os, de ses muscles et de ses articulations, et sa construction doit être aussi parfaite que possible pour recevoir la force motrice qui lui est destinée.

Cette force motrice, dont je veux parler, n'est pas autre chose que la mesure de l'énergie, de la vitesse et du fond que tout bon cheval nous fournira.

Le mécanisme se divise en plusieurs parties que je vais essayer de vous décrire. Je vous demande pardon de vous faire cette description aussi succinctement ; mais en la prolongeant, je craindrais d'abuser de vos moments. Je passerai donc rapidement sur les parties qui composent le mécanisme, afin de m'appesantir davantage sur la description de la tête, l'encolure, son attache et la peau ; car ce sont là les quatre points dans lesquels réside le plus la mesure de la force motrice.

DES PARTIES COMPOSANT LE MÉCANISME

Le *garrot* est situé entre l'encolure et le dos, il a pour base les apophyses épineuses des neuf premières vertèbres dorsales.

Pour être beau, le garrot sera élevé, se prolongera
en arrière et s'unira insensiblement au dos. Cette
conformation du garrot donne une longue suspension et une inclinaison de l'épaule qui assurent de la
vitesse au cheval.

Le *dos* a pour base les apophyses épineuses des
dernières vertèbres dorsales et les muscles qui les
recouvrent ; il fait suite au garrot et précède le rein.
Le dos doit être droit, court et bien musclé.

Le *Rein*, qui a pour base les vertèbres lombaires,
fait suite au dos et se termine à la croupe. Il faut
qu'il soit horizontal, court, large, fortement musclé,
et bien attaché et uni à la croupe sans transition.
Un rein fort transmet une bonne impulsion à l'avant-
main.

La *queue* termine le tronc. Elle a pour base les
coccygiens et les muscles qui s'y attachent ; elle doit
être forte à la base et mince à son extrémité, portée
droite et détachée des fesses ; ses crins doivent être
soyeux, ce qui indique toujours un certain degré de
sang.

Le *poitrail* est situé au-dessous de l'encolure,
entre le bras et la pointe de l'épaule ; il a pour base
l'extrémité antérieure du sternum et les muscles qui
s'y attachent. Pour qu'un cheval ait de la vitesse, il
ne faut pas que son poitrail soit trop large ; pour le
trait, et surtout le gros trait, il n'a jamais trop de
largeur et de puissance de muscles.

La *poitrine* est la cavité qui renferme les organes
de la respiration et de la circulation.

Une poitrine spacieuse, haute et bien descendue,
dénote de la vitesse et du fond, car cette capacité
procure le développement des organes respiratoires
et du cœur.

Le *flanc* est borné par les côtes et la hanche d'une
part, et s'étend de l'autre entre le ventre et le rein.
Il doit être court et bien cylindré pour que le cheval
se nourrisse facilement sans avoir un abdomen lourd
et volumineux, ce qui est un indice d'un tempérament lymphatique.

L'*épaule* a pour base le scapulum, elle doit être
oblique et longue, c'est une des conditions de vitesse et de belles actions, parce que non seulement
l'articulation scapulo humérale étant en avant peut
permettre un mouvement du bras beaucoup plus

étendu, mais en même temps parce que les muscles deviennent des leviers plus puissants.

Le *bras* a pour base l'humérus et les muscles qui le recouvrent ; il est situé entre l'épaule et l'avant-bras. Le bras doit être très développé et suivre une direction horizontale, pour que la partie inférieure de la poitrine soit détachée et paraisse descendue comme dans le lévrier ; cette construction développe l'étendue de contraction et la puissance des leviers.

L'*avant-bras* a pour base le radius et les muscles extenseurs et fléchisseurs qui le recouvrent, il fait suite au bras et se termine au genou ; il doit être long, ses muscles doivent être gros et dessinés, aussi bien en avant qu'en arrière. Sa longueur donne plus de puissance aux leviers ; les muscles extenseurs et fléchisseurs étant développés, assurent une grande force non-seulement à l'avant-bras, mais encore à tout le système musculaire de l'animal.

Le *coude* est situé à la partie postérieure et supérieure de l'avant-bras ; il a pour base l'olécrane et les muscles qui s'y rattachent ; il doit être long, afin d'avoir une grande puissance d'extension pour favoriser le mouvement de l'avant-bras : s'il est en dedans, le membre est panard ; s'il est en dehors, il est cagneux.

Le *genou* fait suite à l'avant-bras et précède le canon. Il doit être large, épais, et bien descendre dans la direction de la ligne d'aplomb ; il n'ira pas en avant, ne sera point creux et n'aura aucune tumeur, molle ou dure, qui puisse nuire à sa solidité.

Le *canon* est composé de deux parties, l'une osseuse et l'autre tendineuse.

La première a pour base le métacarpien, la seconde tous les tendons des muscles fléchisseurs du pied.

Le canon fait suite au genou et s'étend jusqu'au boulet ; il doit être large, court et dans une direction verticale.

Le tendon sera bien développé et sans engorgement ; s'il est détaché du canon et de la corde du ligament suspenseur du boulet, le canon aura plus de largeur et par conséquent sera plus puissant.

Le *boulet* est l'articulation formée par les abouts du canon et du paturon. Il doit être large et fortement consolidé par les ligaments et les tendons des extenseurs et fléchisseurs du pied qui le soutiennent pour qu'il soit suffisamment éloigné du sol sans être trop en avant.

Le *paturon* a pour base la première phalange et et les tendons qui glissent sur ses faces antérieure et postérieure ; il fait suite au boulet et précède la couronne. Il doit être large et fort, d'une longueur moyenne Selon que le paturon est trop long ou trop court, selon qu'il est trop ou trop peu incliné, on dit que le cheval est long-jointé, court-jointé, bas-jointé ou droit-jointé.

La *couronne* est située entre le paturon et le sabot ; elle a pour base la deuxième phalange. Elle doit être large et exempte de forme ; cette tare osseuse est incurable et fait boiter les chevaux.

Le *pied* a pour base la dernière phalange recouverte par le sabot. L'importance de cette partie demande une description très étendue qui ne serait point ici à sa place ; cependant on peut dire que le sabot du cheval ne doit être ni trop petit ni trop grand et que sa corne doit être lisse, exempte de fentes et de bourrelets qui dénotent que le cheval a souffert des pieds.

La *croupe* fait suite au rein et aux hanches ; elle se trouve située au-dessus de la cuisse et de la fesse ; elle a pour base le sacrum, le coxal et les muscles puissants qui les entourent. Elle doit être longue, large et fortement musclée, légèrement inclinée dans la direction de la fesse ; une croupe horizontale n'est pas toujours un signe de force, et une croupe trop oblique est disgracieuse.

La *hanche* a pour base la partie antérieure et externe de l'illium et les muscles qui s'y attachent ; plus une hanche est prononcée, plus elle est favorable à la puissance des muscles, ce qui est un indice de force. Il faut rechercher ce modèle, bien que la hanche proéminente soit désagréable à la vue.

La *fesse* a pour base l'ischium et présente une saillie qu'on appelle la pointe de la fesse. Elle doit être bien descendue et très musclée, afin que l'arrière-main ait de l'ampleur et soit dans de bonnes conditions de largeur et de longueur pour assurer une grande puissance musculaire.

La *Cuisse* qui a pour base le fémur, fait suite à la croupe et est au-dessus de la jambe. Elle doit-être longue, oblique et fortement musclée, afin que le cheval soit bon, particulièrement pour le service de la selle.

Le *Grasset* a pour base la rotule ; cette articulation est recouverte par la peau qui semble unir le membre postérieure au ventre. Il doit être bien développé ; lorsqu'il est entouré de forts muscles, c'est une preuve certaine que le cheval est puissant.

La *Jambe* précède le jarret et a pour base le tibia et les muscles extenseurs et fléchisseurs des parties inférieures du membre. Elle doit être longue, large, oblique et fortement musclée, pour que le cheval ait des mouvements étendus et très-résistants.

Le *Jarret*, situé entre la jambe et le canon, a pour base la partie inférieure du tibia, l'extrémité supérieure du canon et du péroné, les os tarsiens et les tendons.

Pour que le jarret soit beau, il faut qu'il soit large, épais, sec et bien évidé, placé dans un plan parallèle à l'axe du corps, il devra être bien descendu, ni coudé, ni droit et exempt de tares osseuses ou molles.

Par cette simple description, vous pouvez juger, Messieurs, de l'admirable organisation du mécanisme du cheval ; on peut le comparer à une voûte soutenue par quatre piliers.

En effet, ne voit-on pas dans la perfection de cette machine toutes les preuves d'une solidité parfaite ? En l'examinant attentivement, on reconnaît que la partie supérieure de cette voûte est formée d'éléments puissants ; ils se rapprochent vers le centre, au moyen d'un garrot incliné en arrière, un dos et un rein courts et bien musclés qui se joignent intimement à une croupe puissante.

Les piliers formés par les membres offrent, dans la partie supérieure, un sytème de suspension très-favorable à la vitesse, lorsque les rayons des membres sont longs et s'articulent en formant des inclinaisons et des angles aiguës qui rapprochent les extrémités supérieures et éloignent les extrémités inférieures.

En même temps que cette organisation est favorable à l'étendue de contraction, la base de sustentation étant plus grande, les animaux sont plus solides, surtout quand, par suite d'une bonne organisation de la voûte, le centre de gravité se trouve ramené le plus souvent au centre.

Si cette organisation, telle que je l'ai décrite, est suivie de membres forts et bien dirigés, nous aurons le complément d'un mécanisme parfait.

La perfection du mécanisme indique généralement chez le même cheval une force motrice suffisante qui lui est propre. Cependant, il existe si souvent des exceptions que nous ne devons pas entièrement nous en rapporter aux formes mécaniques, à moins qu'elles soient jointes à une bonne force motrice; cette espèce de réservoir qui contient l'énergie si nécessaire aux qualités du cheval.

Combien, en effet, avons nous vu de chevaux d'un parfait mécanisme, sans énergie, sans vitesse et sans fond; tandis que d'autres, mal organisés sous le rapport du mécanisme, avec le garrot bas, le dos et le rein longs, l'épaule courte et droite, la croupe courte et avalée, la cuisse plate, les membres rapprochés, ont une force motrice tellement supérieure à celle des chevaux les mieux construits, qu'ils sont remarquables dans leurs services par leur énergie et leur fond. Seulement il arrive le plus souvent à ces animaux que, leur mauvaise construction n'étant pas en rapport avec le degré de sang qu'ils possèdent, ils ne font qu'un service de courte durée, pendant lequel, les membres s'usent vite parce qu'ils ne peuvent pas suffire à la force motrice qui existe chez eux; c'est ce qui fait recommander, dans la production, d'infuser une quantité de sang en rapport avec le moule qui doit le recevoir.

Conséquemment, il faut rechercher dans un cheval le degré de sa force motrice; nous arriverons à cette connaissance en étudiant le siége de cette force.

La force motrice est caractérisée par l'énergie, la vitesse et le fond, elle réside dans ce qu'on est convenu d'appeler le sang.

Le sang pur découle de l'accouplement du *cheval arabe* avec la *jument barbe* dont les produits ont été vainqueurs dans les épreuves des courses.

Pour apprécier la valeur du sang, on peut consulter le *stuk-book* ou le livre sur lequel sont inscrits tous les noms et provenances des chevaux qui sont désignés comme étant de pur sang.

Ces chevaux n'ont pas tous la même valeur ; il s'en trouve même qui sont entachés d'un mauvais tempérament qu'ils transmettent à leurs descendants ; il ne faut donc pas s'en rapporter entièrement à l'inscription au *stuk-book*, sur lequel d'ailleurs aucune note n'est mise pouvant dévoiler d'une manière bien précise la valeur du sang des chevaux. Mais, comme il a été reconnu par les auteurs les mieux autorisés et par les meilleurs observateurs, les chevaux qui ont le plus de sang, ou la force motrice la plus considérable, sont ceux dont la tête est belle, l'encolure grâcieuse et la peau la plus fine.

Si cette force motrice, reconnue essentielle pour que le cheval soit énergique, a son siège dans ces trois parties, leur description sous ce rapport devient très-intéresssante ; aussi, Messieurs, vais-je faire tous mes efforts pour vous rendre cette description aussi claire que possible.

DES PARTIES DANS LESQUELLES RÉSIDE LA FORCE MOTRICE

De la tête.

La tête est une des parties du cheval les plus importantes à étudier, en raison des indices qu'elle fournit ; elle est la réflexion de l'énergie, du tempérament et du caractère. Non seulement sous ces trois rapports, elle est la partie du corps la plus intéressante, mais encore elle est très utile à observer dans son attache, à cause du grand rôle qu'elle remplit comme balancier.

Pour qu'une tête dénote l'énergie, il faut qu'elle soit légère, que son front soit large, étendu et aplati, que les orbites soient saillantes, les yeux grands et étincelants, couverts de paupières fines et non atrophiées comme chez les chevaux atteints de la fluxion périodique des yeux.

Un front étendu et aplati laisse supposer peu de sinus frontaux et une masse cérébrale très développée. Ces caractères sont essentiels à considérer, parce que c'est d'eux que dépendent les autres caractères du reste de la tête; car si le front est large et plat, le chanfrein sera droit et large et les naseaux seront dilatés.

Comme toutes les fonctions dérivent les unes des autres, on peut être assuré que, si la masse cérébrale est volumineuse, le fluide nerveux sera considérable; si le chanfrein et les naseaux sont larges, une bonne colonne d'air s'introduira dans les voies respiratoires. Comme la nature a mis le plus de proportions possibles dans les fonctions, il est conséquent d'admettre qu'une large colonne d'air ne peut être introduite que dans une poitrine vaste et dont le système circulatoire sera développé.

Bien que l'on puisse apprécier par d'autres signes l'ampleur de la poitrine et l'étendue de la circulation, il est bon de ne pas négliger ces caractères précieux, surtout pour le cheval, chez lequel l'introduction de l'air dans les poumons ne se fait que par les naseaux; le voile du palais dans cette espèce étant complet, ne permet pas, ou du moins ne permet que fort rarement l'entrée de l'air par la bouche.

Les orbites saillantes, les yeux grands et étincelants sont la conséquence de l'étendue du front; mais quelquefois ces caractères peuvent avoir disparu par suite de la dégénérescence des races; il est donc nécessaire de les constater dans la tête du cheval pour pouvoir dire qu'il est pourvu d'énergie.

Le tempérament du cheval peut être caractérisé dans la tête par sa sécheresse et par la peau qui la recouvre. Une tête sèche annonce qu'elle est recouverte d'une peau fine, impressionnable, dont les tissus sont bien détachés; que le système nerveux prédomine, ainsi que le sanguin, qui laisse apercevoir les veines pour laisser à peine entrevoir ce qui est ganglionnaire, soit dans l'auge, soit dans la région parotidienne. Cette démonstration donne la certitude de l'infériorité du système lymphatique chez les animaux à têtes sèches.

Le caractère du cheval se décèle approximativement dans le mouvement des yeux et des oreilles;

lorsqu'il laisse apparaître souvent le blanc du globe, on peut être sûr de sa vigueur et de son mauvais caractère.

Le mouvement des oreilles se fait par une contraction qui les rapproche et les porte en avant; alors elles annoncent de la vigueur, surtout si la peau qui les recouvre est fine. Si ces mouvements se font en avant et de côté, elles annoncent de l'impatience et de l'inquiétude; lorsqu'elles se portent en arrière, on peut compter sur la méchanceté de l'animal, tandis que les oreilles épaisses et pendantes accusent un tempérament lymphatique et sans énergie.

De l'attache de la tête.

La manière dont la tête est unie à l'encolure mérite d'être considérée; la liberté d'action de la tête présente de grands avantages; aussi, lorsque les maxillaires inférieures sont écartées et que l'interstice qui sépare l'encolure de la tête est sec et bien évidé, que les parties osseuses sont bien dessinées, le larynx trouve largement sa place, l'animal a de la facilité pour respirer et pour faire des mouvements de haut en bas et de droite à gauche; il se bride bien; le cavalier a l'immense avantage de rassembler son cheval et de pouvoir reporter le centre de gravité par la base de soutien; cette facilité aide beaucoup les aplombs, et, grâce à elle, les mouvements de la tête provoqués par le cavalier s'exécutent sans douleur. Si au contraire les branches des maxillaires sont courtes et rapprochées et que l'interstice qui sépare la tête de l'encolure soit empâté, les mouvements en tous sens se font avec difficulté et quelquefois ils ne peuvent s'exécuter; alors le cavalier ne peut rassembler son cheval, qui porte au vent, se cabre et devient dangereux.

De l'encolure.

L'encolure est située entre la tête et la partie antérieure du corps; elle a pour base les vertèbres cervicales, un grand nombre de muscles, un fort ligament et d'autres parties molles.

L'encolure forme un bras de levier très fort à l'aide duquel l'animal modère, relève ou accélère ses différents mouvements; il indique aussi la puissance dans sa forme et dans son attache.

Pour que l'encolure d'un cheval ait de la puissance, il faut que ses muscles soient détachés, que les saillies en soient dessinées, que son bord supérieur soit dur et garni d'une crinière soyeuse.

La forme de l'encolure doit être celle d'une pyramide dont la base se détache insensiblement du garrot, des épaules et du poitrail. Pour que ses mouvements soient faciles, il faut que le bord supérieur ait une plus grande longueur que le bord inférieur, et qu'elle soit assez longue pour être à même de reporter la tête dans la direction favorable, afin de maintenir l'équilibre de tout le corps.

Dans l'attache de l'encolure, on doit remarquer, à la réunion avec le garrot, une dépression que l'on nomme coup de hache, et qui permet une plus grande liberté dans les mouvements de l'encolure avec le corps. La construction de cette attache se rencontre dans les races pures, à quelque type qu'elles appartiennent; elle est aussi toujours la conséquence d'un garrot sorti.

L'extrémité antérieure de l'encolure qui se réunit à la tête doit se terminer insensiblement, en laissant en arrière de la glande parotide un espace creux et dépourvu de ganglions pour faciliter les mouvements de la tête sur l'encolure.

Une encolure mince, longue et dont le bord supérieur est droit, facilite la vitesse; sa réunion avec la tête forme une ligne droite dans sa partie supérieure, en laissant un intervalle considérable dans la partie inférieure entre les maxillaires et l'encolure, pour que la colonne d'air ne se brise pas et qu'elle mette moins de temps à pénétrer dans les poumons.

Cette construction, qui doit être recherchée lorsqu'on voudra obtenir une grande vitesse, rencontre des inconvénients d'autant plus graves que l'on veut se rapprocher d'une extrême perfection; car, si le bord supérieur de l'encolure est court ou que l'interstice qui existe entre la tête et l'encolure soit empâté, l'animal, ne pouvant être rassemblé qu'avec peine, met le cavalier dans l'impossibilité d'en obtenir un bon résultat : il se cabre ou se renverse.

Lorsque le bord supérieur est long et légèrement
convexe et que son attache avec la tête forme une
courbe, cette construction permet un rapproche-
ment plus facile de la tête vers le poitrail ; le cheval
se rassemble convenablement ; mais, s'il arrive que
cette conformation soit portée à l'extrême, on dit
alors que l'encolure est rouée et que le cheval s'en-
capuchonne ; il prend un appui sur le mors et devient difficile à conduire.

De la peau.

La peau recouvre toute la surface du corps ; elle
est composée de deux couches, le derme qui en
forme la base et les principales épaisseurs, et l'épi-
derme qui le recouvre.

Cette partie de l'animal, étant la plus étendue, est
celle qu'il est le plus utile d'étudier pour apprécier
le degré de sang d'un cheval ; ce qui le prouve, c'est
que les chevaux, ainsi que je l'ai déjà dit, qui n'ont
qu'un mécanisme médiocre, ont souvent une énergie, une vitesse et un fond étonnants. C'est parce
que la peau de ces animaux a une composition qui
met en évidence, pour les observateurs, une force
motrice considérable et assure que tous les autres
tissus internes sont dans des conditions analogues.

En effet, les muqueuses ne sont que la continuité
de la peau, elles ont à peu près la même organisation ; il est donc rationnel d'admettre que si une
peau est trouvée saine, les muqueuses qui tapissent
les parties internes du corps devront être saines
aussi.

Ce principe posé, nous devrons considérer que
l'organisation de la peau d'un cheval entraînera toujours la même organisation dans les muqueuses ;
on pourrait même ajouter que l'inspection de la
peau indique la composition de tous les tissus de
l'économie et par conséquent le tempérament de l'a-
nimal.

Pour que la peau d'un cheval soit belle, il faut
qu'elle soit fine, souple, que les poils et les crins
qui la recouvrent soient fins et soyeux, et qu'au
moindre exercice de l'animal les veines se gonflent
tellement qu'elles forment une arborisation sur

toute l'étendue de la peau ; ce qui indique la prédominence du système nerveux et sanguin, et l'absence de ganglions lymphatiques, qui ne sont développés que chez les chevaux mous, ne pouvant rendre que des services lents.

Si la peau du cheval a les qualités que nous venons d'indiquer, les muqueuses, qui ne sont d'ailleurs qu'une peau interne, auront les mêmes qualités : elles seront moins épaisses, le liquide qu'elles contiendront sera moins abondant, les ganglions lymphatiques seront peu développés ; les muqueuses dans ces conditions qui tapisseront les voies respiratoires et les organes de la digestion, favoriseront admirablement la respiration et la nutrition abdominale.

Dans le cas où la peau sera épaisse, les poils et les crins gros, durs et épais, le système lymphatique prédominant, les extrémités sont grosses, la peau du nez est épaisse et pendante ; il s'opère des suintements à la peau qui approche d'un sabot lourd et gros.

Chez les animaux à peau épaisse, les ganglions lymphatiques sont volumineux dans toute l'économie ; on le reconnaît facilement à l'extérieur, en examinant la ganache et l'auge d'un cheval, où se trouvent toujours chez les chevaux d'un tempérament lymphatique des glandes assez fortes, qu'ils conservent toute leur vie, et si toutefois elles diminuent, ce n'est que dans le cas où l'animal aura été soumis à une alimentation substantielle et tonique.

Avec une semblable peau, ne peut-on pas craindre que les muqueuses qui contiennent les mêmes éléments ne soient le siége de ces mauvais tempéraments qui amènent des maladies comme le cornage et la pousse, dont on ne connaît pas encore bien la cause, quand, toutefois, le cornage n'est pas dû à un épaississement de la muqueuse du larynx par suite d'une laryngite chronique, et que la pousse n'est pas due à une déchirure des vésicules bronchiques provenant de courses extraordinaires ou d'une alimentation sur un grand volume jointe à un repos trop longtemps prolongé.

Maintenant si, à l'examen d'un cheval, on peut juger par sa peau quel degré de sang il comporte, on devra toujours choisir celui chez lequel les tempéraments nerveux et sanguin prédomineront, afin d'obtenir une force motrice assez considérable pour arriver à la vitesse, à l'énergie et au fond.

Ces qualités pourront être modifiées par des accouplements raisonnés, en donnant à la peau un peu moins de finesse pour que les animaux conservent assez d'énergie sans irritabilité, pourvu que, dans tous les cas, on n'aille pas jusqu'à entacher la production du cheval du tempérament lymphatique qui peut amener le scrofule ; cette maladie se transmet avec une facilité tellement grande que l'espèce chevaline arrive à une dégénérescence marquée dont il est impossible d'arrêter les progrès.

Cette description n'est qu'une infime partie de la science hippique ; mais elle est faite le plus souvent d'une façon bien incomplète par des gens qui, se croyant savants, ne peuvent cependant en parler que superficiellement, sans se rendre compte de la profondeur de cette science qui demande un travail sérieux et une intuition qui se rapproche de l'art.

En effet, n'est pas homme de cheval qui veut ; il faut, non seulement avoir devant les yeux, les meilleurs modèles et recevoir de bonnes leçons ; mais encore faut-il avoir le feu sacré, c'est-à-dire le sentiment du beau et bon cheval, pour pouvoir apprendre à le connaître.

Aussi est-il urgent que l'Etat ait une administration des haras, afin que ceux qui se destinent à l'étude du cheval soient à même d'avoir devant eux des spécimens précieux à étudier ; c'est ainsi que nos jeunes peintres de talent sont envoyés à Rome où ils peuvent admirer et apprécier les modèles des grands maîtres capables de développer leurs heureuses dispositions et leur goût pour le beau.

Il a été enseigné que la production chevaline, ne devait pas avoir dans son amélioration des principes absolus, que ces principes au contraire devaient être relatifs aux services qu'on se proposerait d'obtenir d'un cheval.

Je ne suis pas de l'avis de ces auteurs qui ont émis de pareilles idées. Pour moi, j'admets qu'il est de première utilité, qu'en faisant produire un cheval, grand ou petit, gros ou mince, on ne devra jamais oublier de conserver chez tous le caractère ou le cachet d'une bonne force motrice, afin qu'ils soient tous bons dans leurs services, quoique diffé-rents de formes.

D'ailleurs l'exemple de têtes busquées qui ont été amenées en Normandie pour satisfaire au caprice de la mode a été une cause trop connue de la dégé-nérescence de la race, pour éclairer la question. Cette importation a laissé d'assez mauvais souvenirs pour qu'on ne cherche à mettre dans les haras de l'Etat que des chevaux ayant de belles têtes, le front large, plat, le chanfrein droit, large et court, avec des naseaux minces et bien dilatés et une peau suffisamment fine : à cette condition seule l'amélioration deviendra réelle et prompte.

Plus nous avançons, plus nous reconnaissons la vérité prononcée par le grand naturaliste Buffon. Certes le cheval est la plus belle conquête que l'homme ait jamais faite ; mais pour que cette conquête soit efficace, pour qu'elle rende les plus grands services à l'agriculture, à l'industrie, au luxe et à l'armée, les hommes compétents dans la matière doivent prêter leur concours intelligent, et sans arrière pensée ; alors seulement l'améliora-tion du cheval finira par être en rapport avec les besoins de l'époque.

En raison de tous les services que cet animal peut rendre, et surtout pour que l'Etat soit toujours à même d'avoir à la disposition de son armée les quantités et qualités utiles en cas de guerre, il est nécessaire qu'on protège la fabrication du cheval et qu'on ne laisse pas sa production entièrement aban-donnée au hasard et au caprice de l'industrie privée.

Si je m'exprime ainsi, on ne pourra pas dire que c'est dans le but de protéger une administration à laquelle j'appartiens, puisque j'approche de la fin de ma carrière. En insistant sur ce point, je ne consi-dère que l'intérêt de mon pays. Depuis quarante ans que j'étudie la race chevaline, ce n'est ni dans l'armée, ni chez les riches propriétaires que j'ai appris le peu que je possède en science hippique ; dans les haras, au contraire, j'ai été à même de faire des observations constantes en suivant de près les producteurs et

leurs produits, et profitant de ces beaux modèles
enviés par toute l'Europe, je les ai étudiés avec
tout l'intérêt que la question des haras recommande.

Pour avoir une bonne fabrication du cheval, il
faut d'abord établir, dans un lieu *ad hoc*, une école
des haras, une sorte de foyer scientifique d'où jailli-
raient des rayons lumineux capables de transmettre
des connaissances assez étendues pour répandre
dans les pays d'élevage de saines pratiques, sans
lesquelles le bon cheval ne saurait exister.

Mais pour compléter la bonne harmonie qui
devrait présider à sa production, il serait à désirer
que les hommes éminents qui proposent des systèmes
différents, se fissent des concessions mutuelles. On
arriverait ainsi à prendre réellement les intérêts du
pays, et le cheval, sagement amélioré, pourrait
revendiquer une large part dans la prospérité de
notre belle France. Nos vœux les plus chers,
Messieurs, seront-ils bientôt exaucés ?